"畜禽产品质量安全系列
——引导消费篇

鸡肉·抗生素·安全

罗林广　张大文　主编

中国农业科学技术出版社

图书在版编目（CIP）数据

鸡肉·抗生素·安全 / 罗林广，张大文主编 . -- 北京 : 中国农业科学技术出版社，2017.11
（畜禽产品质量安全系列丛书）
ISBN 978-7-5116-3319-4

Ⅰ.①鸡… Ⅱ.①罗… ②张… Ⅲ.①肉鸡—饲养管理 Ⅳ.① S831.4

中国版本图书馆 CIP 数据核字 (2017) 第 262002 号

责任编辑　徐毅
责任校对　贾海霞

出 版 者	中国农业科学技术出版社
出 版 者	北京市中关村南大街 12 号　邮编：100081
电　　话	（010）82106636（编辑室）　（010）82109702（发行部）
出 版 者	（010）82109709（读者服务部）
传　　真	（010）82106631
网　　址	http://www.castp.cn
经 销 者	各地新华书店
印 刷 者	北京科信印刷有限公司
开　　本	880mm×1 230mm　1/64
印　　张	0.875
字　　数	25 千字
版　　次	2017 年 11 月第 1 版　2017 年 11 月第 1 次印刷
定　　价	15.00 元

"畜禽产品质量安全系列丛书"
——引导消费篇

《鸡肉·抗生素·安全》

罗林广　张大文　主编

本手册编制由国家畜禽产品质量安全风险评估重大专项（GJFP2016007 和 GJFP2017007）项目资助，农业部畜禽产品质量安全风险评估实验室（南昌）组织编制，农业部禽类产品质量安全风险评估实验室（扬州）、中国兽医药品监察所、农业部畜禽产品质量安全风险评估实验室（郑州）、农业部农产品质量安全风险评估实验室（广州）共同参与。

《鸡肉·抗生素·安全》
编委会

主　编：罗林广　张大文

副主编：张　莉　周瑶敏　陈大伟

编　者：（以姓氏笔画为序）

马　烨　王鹤佳　邱素艳

张大文　张　莉　陈大伟

吴维辉　吴宁鹏　罗林广

赵立军　周瑶敏　胡丽芳

高玉时　徐　俊　袁丽娟

廖且根

前　言

　　中国有句古话叫做"无鸡不成宴"，由此可以看出鸡在国人餐桌上的地位。但是，近年来发生的诸如"速生鸡""抗生素鸡""快大鸡"等事件，引发了人们对鸡肉安全的担忧，对肉鸡养殖过程中使用抗生素的一些误解以及由此带来的安全恐慌，致使部分消费者对这道美食"望而却步"。

　　为了科学的回答我国鸡肉中抗生素的残留水平和风险，引导科学消费，国家畜禽产品质量安全风险评估创新团队在国家畜禽产品质量安全风险评估重大专项的资助下，针对主要的禽类主产区中的鸡肉中允许使用的 60 余种抗菌药物，进行了连续 3 年的风险评估，基本掌握了我国鸡肉产品中抗生素的残留风险及消长变化。

　　根据国家畜禽产品质量安全风险评估的结果，针对民众关注的焦点和热点问题。农业部畜禽产品质量安全风险评估实验室（南昌）在农业部农产品质量安全监管局和农业部农产品质量标准研究中心等有关主管机构的指导下，组织国家畜禽产品质量安全风险评估团队编写了面向普通民众的宣传读物——"畜禽产品质量安全系列丛书——引导消费篇《鸡肉·抗生素·安全》"。全书以问答形式展现了普通民众关注的抗生素方面的焦点和热点问题以及一些现实生活中大家相互争论的话题，全书共 11 个问题。

由于读物的大众特性，本书力求语言的通俗易懂，并针对性的配以图片，整体内容丰富，简洁实用，是针对普通民众进行农产品质量安全相关科普的良好读物，提升消费者对畜禽产品质量安全的认识水平。

本书在编委会指导下，由多年从事畜禽产品质量安全风险评估研究的专家团队主持编写，并组织多位药理学、畜牧兽医、检验检测等领域的专家反复论证、修改完成。

本书的策划、编写和出版得到了农业部农产品质量安全监管局、农业部农产品质量标准研究中心（国家农产品质量安全风险评估机构）、江西省农业厅农产品质量安全监管局和江西省农业科学院有关领导和专家的大力支持。中国兽医药品监察所、农业部禽类产品质量安全风险评估实验室（扬州）、农业部畜禽产品质量安全风险评估实验室（郑州）、农业部农产品质量安全风险评估实验室（广州、哈尔滨、杭州）给予积极支持和配合。在此谨表谢意。同时，对参与本书编写、图片制作和出版的人员深表感谢。

　　由于时间仓促，书中难免有不妥和错漏之处，恳请广大读者批评指正。

编者

2017 年 6 月

目　录

① 肉鸡种类知多少？ / 1

② 现代肉鸡为什么长那么快？ / 7

③ 什么是"速生鸡"？ / 12

④ 速生鸡是激素催大的吗？ / 14

⑤ 肉鸡养殖中为什么要使用抗生素？ / 18

⑥ 肉鸡养殖过程中真的把抗生素当"饭"吃吗？ / 20

⑦ 我国鸡肉中抗生素残留现状如何？能放心吃吗？ / 23

⑧ 鸡肉中有抗生素残留就意味着不安全吗？ / 26

⑨ 国外的肉鸡就不使用抗生素吗？ / 30

⑩ 国外的鸡肉中就没有抗生素残留吗？ / 33

⑪ 畜禽产品质量安全监管部门通过哪些手段来确保畜禽产品质量安全？ / 36

⑫ 致 谢 / 43

1 肉鸡种类知多少？

　　我国目前市场上的肉鸡主要为白羽快大型肉鸡、黄羽肉鸡、小白鸡等。

　　白羽肉鸡是 20 世纪 80 年代末引入我国，又称快大型肉鸡，全身羽毛白色，主要品种有艾拔益加（AA）、科宝、罗斯 308 等，一般出栏时间为 35 ~ 42 天，体重 2.3 ~ 3.0 kg。白羽肉鸡每千克增重消耗饲料 1.6 ~ 1.8 kg。其生长速度快主要得益于科学的品种选育、饲喂全价的配合饲料和良好的环境控制条件。消费方式主要为屠宰分割销售。

白羽肉鸡

黄羽肉鸡是区别于白羽快大型肉鸡的统称，其实包括黄羽、麻羽、黑羽、芦花羽等所有的有色羽肉鸡。黄羽肉鸡按生

黄羽肉鸡

黄羽肉鸡

长速度可分 3 种类型：分别是快速型黄羽肉鸡（42 ～ 49 日龄上市，体重达到 1.5 ～ 2.2 kg/ 只）、中速型黄羽肉鸡（70 ～ 90 日龄上市，体重达到 1.5 ～ 2.0 kg/ 只）以及慢速型黄羽肉鸡（110 以上日龄上市，体重达到 1.1 ～ 1.5 kg/ 只）。我国大部分地方鸡种（不同地区也称草鸡、土鸡、笨鸡、柴鸡等）均属于慢速型鸡种。黄羽肉鸡每千克增重消耗饲料 2.0 ～ 3.5 kg 不等。消费方式目前主要以活鸡销售、屠宰冰鲜上市为主，快大型黄羽肉鸡也可作为分割鸡销售。

小白鸡是近几年发展起来的又一种类型的肉鸡系列，又称小优鸡、817。主要是以快大型白羽肉鸡的公鸡与高产蛋鸡商品代母鸡进行杂交产生的后代，全身羽毛白

小优鸡、817

色，上市日龄为 50 天左右，体重达 1.5 kg 左右，每千克增重消耗饲料 1.8 ～ 2.0 kg，消费方式主要是以屠宰整鸡销售或冰鲜上市，目前已成为扒鸡、烤鸡、烧鸡等加工产品的主要原料鸡。由于小白鸡生产成本低、肉品质较好，加之活鸡市场逐步禁止，冰鲜鸡市场不断增大，其发展速度也越来越快。

2 现代肉鸡为什么长那么快?

目前，我国有部分消费者对肉鸡的生长速度还停留在传统农村土鸡生长速度的认知阶段，总认为肉鸡就应该养殖半年甚至一年才能长大出栏，因此，对现代肉鸡40天能长到 1.5 ~ 2.5kg 难以置信。那么，真实情况是怎么样呢？

其实，现代肉鸡能长这么快主要得益于科学的品种选育、科学的饲料配方和良好的环境控制条件。其中，科学的品种选育是关键。大家都知道，基因是控制动物生长快慢的重要因素，一般来说，生长快

（图片来自百度图片库）

的品种，其生长速度就有先天的优势，这与父母高孩子一般也较高是同一个道理。随着遗传学的发展，育种学家开始将遗传学理论与技术应用到育种实践中，让人工选择起主导作用，选择指标和选择手段都多了起来，选育的效率才飞速提高。可以说，今天的肉鸡能拥有如此高的生产性能，良种选育工作居功至伟。

众所周知，商品肉鸡吃的都是饲料。这些饲料可不是随便找点玉米面和白菜丁拌拌就得了，它对原料选取、成分配比、制作工艺、饲喂方案都有着严格的要求，对不同的周龄都要饲喂对应的饲料，以保证营养充分且平衡。例如，对刚开始吃食的雏鸡，要用营养全面，颗粒大小适中的"开食料"，使其适应蛋壳外面的新环境；

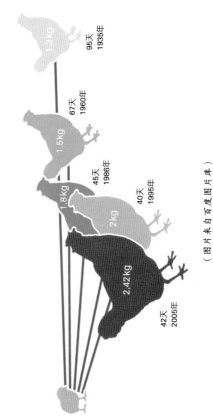

1935—2005年全球肉鸡生成性能概况

95天
1935年
1.3kg

67天
1960年
1.5kg

45天
1986年
1.8kg

40天
1995年
2kg

42天
2005年
2.42kg

（图片来自百度图片库）

开食后，要降低能量和蛋白质供应，重点保证鸡群体格健康；最后才会提供高能高蛋白饲料，提高其增重速度。商品化肉鸡吃得比人还细致并不夸张，因为，人一般最多也就能做到一天三顿算摄入多少能量而已。

在饲养管理上，过去那种"撒一把米自个儿吃去"的养鸡方式也成了老黄历。光照、温度、湿度这些指标都以周龄、日龄、时段为单位，逐级设置管理方案，精确控制环境。良好的生长环境，科学的饲料配方，再加上选育的品种优势，现代肉鸡自然长得快。

3 什么是"速生鸡"？

"速生鸡"，实际就是即快大型白羽肉鸡，因其是目前世界上生长速度最快的鸡种，所以，被媒体冠名为"速生鸡"，也是养殖户所说的"快大鸡"。这是20世纪80年代从国外引进我国的，白羽肉鸡的特点是长得快、个头大、生长周期较短，40天就能出售，体重可达到2.5kg。因其肉嫩、上市快、价格低，是熟食及快餐企业的上佳选择。

第四十五天

第四十天

第三十五天

第十天

第一天

（图片来自百度图片库）

4 速生鸡是激素催大的吗?

"速生鸡"之所以长得快,是因为吃了激素吗?当然不是。"速生鸡"(白羽鸡)的快速生长主要有三大原因:育种、饲料和环境条件。优良品种的培育和标准化的养殖技术是肉食鸡快速成长的关键。最近的 30 多年来,通过长期、系统选育,商品肉鸡达到 2kg 体重的饲养天数,已经由 1976 年的 63 天缩短至目前的 33 天,平均每年减少约 0.9 天。白羽肉鸡 42 日龄出栏,体重可达 2kg 以上,这是我国引入白羽肉鸡的基本生产性能,像艾维茵、AA、罗斯308等其他快大型肉鸡品种，出栏时间可以更短。白羽肉鸡的育种，可谓是人类培育最成功的肉鸡产品之一，节约了大量的粮食资源，创造了优秀的蛋白质来满足全世界人类的需求。

国内外的一些研究已经证明，给肉鸡吃激素，是"有百害而无一利"的。使用激素对肉鸡生长不但没有作用，反而增加肉鸡患腹水病及心脏病的危险，增加肉鸡死亡率，也就是说，给肉鸡吃激素不能增加养鸡收益，反而会降低收益，对养殖场来讲，是没有任何驱动力给肉鸡吃激素的。

我国法律法规明确规定，不允许给肉鸡吃激素。中华人民共和国《兽药管理条例》《禁止在饲料和动物饮用水中使用的药物品种目录》（农业部第176号公告）、

（图片来自百度图片库）

《禁止在饲料和动物饮水中使用的物质》（农业部第 1519 号公告）等一系列法律法规，明令禁止在养殖过程中使用激素，否则，会作为刑事案件受到国家相关法律法规的制裁。目前，市场也无针对肉鸡生长的激素。

2010 年年底，中国畜牧业协会抽检北京市、上海市、广州市三地的农贸批发市场、连锁超市和餐厅的鸡肉，对 32 种激素进行检测，结果显示均未检出。

5 肉鸡养殖中为什么要使用抗生素?

　　疫病的预防和控制，能够从更深层次上保证了食品安全和人类健康！人会感染病菌生病，鸡也一样，因此，对鸡使用抗生素（抗生素药物）将不可避免，尤其在肉鸡的规模化养殖中，由于密度大，其在养殖过程中一直处于快速的生长阶段，体质相对敏感脆弱，容易导致疾病的发生和传播，对抗病的需求还要更大一些。因此，世界所有国家已就抗生素在动物养殖中的合理使用达成了共识，并颁布了相应的法律，制定了相关使用规范，保障产品的安全。

　　肉鸡上的许多致病性细菌，如副伤寒沙门氏菌、金黄色葡萄球菌等，不仅会感染动物，而且会通过食物链感染人。如果不用抗生素治疗，不但动物会死亡，更重要的是越来越多的病原会在环境中大量释放，严重威胁我们人类的健康。因此，养殖业使用抗生素，从"传染源"上切断了这些人畜共患病原菌的传播，极大地减少了人类感染这些人畜共患病的概率，在更深层面上保证了食品安全和人类健康。

6 肉鸡养殖过程中真的把抗生素当"饭"吃吗？

　　由于禽类养殖中抗生素使用的不可避免，致使消费者误认为禽类养殖中在大量使用抗生素，加上少数新闻媒体的错误导向，使得社会上出现"肉鸡养殖过程中把抗生素当'饭'吃"这样的谣传。实际上是完全不可能的。首先，抗生素也是要钱买的，事实上，肉鸡养殖过程中，药物的成本不能超过1元钱，否则，就会亏本。因此，根本不可能出现把抗生素给鸡"当饭吃"的现象；其次，我们国家的法律明

（图片来自百度图片库）

确规定了抗生素使用种类、残留限量和休药期，并对肉鸡养殖场的药物使用情况进行严格监管，对产品中抗生素的残留问题进行持续的监控，对违反相关法律法规的行为进行处罚。

7 我国鸡肉中抗生素残留现状如何？能放心吃吗？

　　农业部公告第 235 号中规定了肉鸡可使用的抗生素种类及休药期。这些抗生素在批准使用前，都经过大量、长期的毒理试验（包含急性毒性试验、"三致"毒性试验、遗传毒性试验等）和药物残留试验，并根据药物的代谢特点，制定了每种药物的使用剂量、使用频次、休药期等药物的使用规范。对于那些在鸡肉中残留时间长、残留量高或有潜在的毒副作用的药物是明令禁止使用的。而且，我们动物产品中兽

药残留限量标准有 98% 的可比项是达到或高于国际标准的。因此，只要休药期执行到位，消费者完全不用担心鸡肉产品抗生素残留超标问题。

而为了确保畜禽产品的质量安全，农业部每年都通过"畜禽产品质量安全风险评估""农产品质量安全例行监测"和"动物及动物产品兽药残留监控计划"对产品

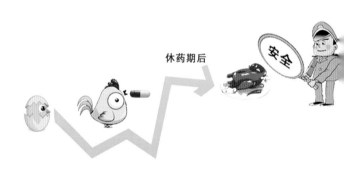

休药期后 安全

（图片来自百度图片库）

中主要抗生素（涵盖了十大类 60 余种抗生素）的残留情况进行监测和评估，对全国 7 个肉鸡主产省份 3 000 余份鸡肉中 60 余种允许使用的抗生素，进行连续 3 年的风险评估，结果显示，超过国家限量标准的样品所占比例约为 2%，说明我国鸡肉产品总体是安全的，可以放心食用。

8 鸡肉中有抗生素残留就意味着不安全吗?

目前,有部分人认为,鸡肉产品中检出抗生素残留就是不安全,这其实就是一种误解。事实上,抗生素残留量只有达到一定程度,即超过规定的安全限量,才会对人体健康产生危害。CAC及欧美发达国家根据抗生素的种类、使用目的等制定了肉蛋奶等畜禽产品中抗生素残留的安全限量标准,即最高残留限量(MRLs)。这个安全限量是假设人一生中每天都摄入这个量也不引起任何危害。农业部参照国际标准和欧美标准，也制定发布了我国《动物源性食品中兽药残留最高限量》标准。

根据 MRLs 标准，抗生素允许在动物产品中微量存在，人们食用含抗生素残留低于 MRLs 标准的动物源性食品是安全的，这是严格按科学程序进行风险评估得出的结论。在实际生产中，只要动物源性食品中抗生素残留量低于规定的安全限量标准，该产品就视为安全，可以放心食用。

为了让大家对我们国家规定的抗生素残留安全限量有一个直观的认识，我们以大家常见的多西环素为例。按照多西环素的说明书，一片多西环素药剂的含量为 100mg，成人的剂量是 1 次一片（即 100mg），而国家规定动物产品中多西环素的安全限量是 100μg/kg，也就是说，我

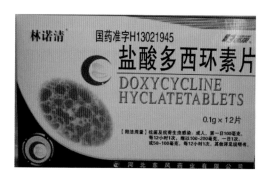

多西环素残留安全限量：100μg/kg

（图片来自百度图片库）

们 1 次吃 1kg 多西环素残留量为 100μg/kg 的鸡肉，才会摄入 100μg 的多西环素，这是我们日常吃一片多西环素药剂的 1/1 000。

9 国外的肉鸡就不使用抗生素吗?

　　肉鸡养殖中使用抗生素已成为保障肉鸡健康生长必不可少的手段，世界各国已就抗生素在肉鸡养殖业上的使用达成了共识。事实上，畜禽养殖中使用抗生素是最先从欧美等发达国家开始的。欧美国家养殖业是从 20 世纪 40 年代开始，尝试将抗生素加入饲料中喂猪，结果发现对猪的生长速度和抗病力有较好提升。于是，从 20 世纪 50 年代开始，抗生素用于养殖业逐渐合法化，此后，为世界各国所仿效。2015

年 12 月，美国食品和药品管理局（FDA）发布的一份报告显示，美国每年生产的抗生素 70% 用于家禽家畜养殖。但是，随着抗生素大量使用，带来了越来越明显的副作用，如产生了耐药性、药物残留过高、部分消费者出现过敏中毒反应等一系列问题。从 20 世纪 80 年代开始，欧美国家转而对饲料添加抗生素的使用做了种种规定。欧美成员国在 2006 年开始，禁止在饲料中使用所有促生长抗生素，但是，依然允许使用以预防、控制和治疗疾病为目的的抗生素；美国从 2014 年开始，计划用 3 年时间禁止在牲畜饲料中使用预防性抗生素，也不是全面禁止抗生素在畜禽养殖中的使用，对于动物疾病的治疗，仍可以继续使用规定的抗生素。因此，目前有些人认为，欧美等发达国家在肉鸡养殖中全面禁止使用抗生素，这完全是一种误解。

10 国外的鸡肉中就没有抗生素残留吗?

目前，国内有部分消费者认为，国外的鸡肉中是完全没有抗生素残留的，这是事实吗?

事实就是，欧美等发达国家的鸡肉产品中也是存在抗生素残留的。例如，2012年，德国就曝光了"抗生鸡"事件，德国环境与自然保护联盟发布报告称，德国超市出售的鸡肉中半数以上有抗生素残留；美国和英国的监测数据显示，其市售的禽产品中均有不同程度的抗生素残留，例如，美国

2009—2011 年禽产品抗生素检出率分别是 1.08% ~ 2.83%，而英国 2011—2016 年禽产品抗生素的检出率为 0.28% ~ 1.18%，如下表所示。

表 美国和英国禽产品抗生素残留监测统计结果

年份	2009	2010	2011	2012	2013	2014	2015	2016
美国[a]	2.83%	1.08%	1.73%	0%	0%	0.018%	—	—
英国[b]	—	—	0.51%	1.18%	0.43%	0.31%	0.28%	0.42%

注：— 未统计；[a] https://www.usda.gov/wps/portal/usda/usdahome；
[b] https://www.gov.uk/government/organisations/department-for-environment-food-rural-affairs

11 畜禽产品质量安全监管部门通过哪些手段来确保畜禽产品质量安全?

　　畜禽产品是我国老百姓重要的蛋白源。国家高度重视畜禽产业的健康发展和畜禽产品的质量安全,并出台了一系列的政策措施,保障畜禽产品的质量安全。以下从5个方面介绍国家在保障畜禽产品质量安全上主要做的一些工作。

　　一、持续提高规模化养殖水平,从源头上抓好畜禽产品质量安全

　　随着我国畜牧养殖业的发展,国内养殖业已经逐步趋于规模化,规模化养殖也

是未来畜牧养殖业发展的必然趋势。2015年，中央财政共投入13亿元资金支持发展畜禽标准化规模养殖，全国畜禽养殖规模化率已达54%。2016年，农业部发布《全国生猪生产发展规划（2016—2020年）》，提出到2020年，我国标准化规模养殖发展步伐加快，种业发展基础进一步巩固，生产区域化、产业化进程加快，定点屠宰逐步规范，猪肉质量安全水平持续提高。为加快推进畜禽标准化规模养殖，农业部办公厅印发了《2016年畜禽养殖标准化示范创建活动工作方案》，要求继续在全国生猪、奶牛、蛋鸡、肉鸡、肉牛和肉羊优势区域开展畜禽养殖标准化示范创建，在浙江、福建、江西、山东、湖北、广西壮族自治区、四川和青海8省区启动兔、水禽和蜜蜂养殖标准化示范创建试点，以生态养殖场示范创建为重点，通过集中培训、专家指导、现场考核，2016 年再创建 500 个畜禽标准化示范场。

二、建立屠宰监管新体系，推动屠宰产业转型升级

农业部稳步推进畜禽屠宰行业转型升级，研究制定产业发展规划，组织起草《农业部关于促进畜禽屠宰产业健康发展的指导意见》，明确"十三五"期间屠宰产业发展目标任务和主要措施。印发《农业部办公厅关于进一步做好畜禽屠宰统计监测工作的通知》，有效开展畜禽屠宰统计监测工作。同时，广泛宣传屠宰监管知识和肉品科学消费常识，为屠宰产业发展营造良好社会氛围。

三、出台一系列的法律法规，全面保障畜禽产品质量安全

为了确保畜禽产品质量安全，国家相继颁布了系列法律法规以及管理规范，如《中华人民共和国畜牧法》《中华人民共和国食品安全法》《中华人民共和国农产品质量安全法》《中华人民共和国兽药典》《兽药管理条例》《动物性食品中最高残留限量》《允许作饲料添加剂的药物品种及使用规定》《兽药停药期规定》《动物防疫法》《畜禽标识和养殖档案管理办法》《农产品包装与标识管理办法》《农产品产地安全管理办法》等，对畜禽生产经营许可、检验检测、质量追溯、安全保障、打击非法经营行为、落实质量安全责任等多方面做了明确的规定和要求，使我国畜

禽业发展逐步走上有法可依和规范化管理的轨道，持续、有力、全方位地保障我国畜禽产品质量安全。

四、加大畜禽产品质量安全监管力度，全面保障畜禽质量安全

近年来，我国畜产品质量安全体系不断健全，各级畜产品监管部门加大监管力度，深化专项整治工作，加强抽样检测，强化检验检疫工作，畜产品质量安全水平呈现了稳中有升的态势。2015年，农产品质量安全例行监测信息显示，我国农产品质量安全水平继续保持稳定，农产品质量总体合格率为97.1%，"十二五"期间，畜禽产品例行监测合格率为99.4%，上升0.3个百分点，为历史最好水平。

五、建立畜禽产品质量安全追踪机制，建立从源头到终端产品的溯源体系

2002 年，中国开始推动农产品质量安全追溯体系建设，并相继出台了一系列相关法律法规和技术标准。如《畜禽标识和养殖档案管理办法》《农产品包装与标识管理办法》《农产品产地安全管理办法》等相关法律法规建设和《农产品产地编码规则》《农产品追溯编码导则》《农产品质量安全追溯操作规程通则》等技术标准。2003 年，国家质检总局启动"中国条码推进工程"，推动采用 EAN-UCC 系统，开展了农产品质量安全追溯体系试点建设，试点探索建立了"农业部种植业产品质量追溯系统""农垦农产品质量追溯展示平台""动物标识及疫病可追溯体系""水产品质量安全追溯网"等 4 个专业追溯体系。

2016 年 6 月，农业部下发了《关于加快推进农产品质量安全追溯体系建设的意见 》，提出建立全国统一的追溯管理信息平台、制度规范和技术标准，力争"十三五"末农业产业化国家重点龙头企业、有条件的"菜篮子"产品及"三品一标"规模生产主体率先实现可追溯，品牌影响力逐步扩大，生产经营主体的质量安全意识明显增强，农产品质量安全水平稳步提升。

12　致　谢

　　本手册编制由国家畜禽产品质量安全风险评估重大专项《畜禽产品质量安全风险隐患摸底排查与关键控制点评估（GJFP2017007）》和《畜禽产品未知危害因子识别与已知危害因子安全性评估（GJFP2016007）》共同资助。感谢农业部农产品质量安全监管局和农业部农产品质量标准研究中心支持和帮助。文中图

片部分来自于百度图片库，在此一并作
出感谢！